我的家在中國・道路之旅④

人類神奇一大步 航天

檀傳寶◎主編　葉王蓓◎編著

中華教育

我們曾經用無數的詩歌，歌頌過天空中的日月星辰。

自從有了中國火箭隊，我們可以去神祕的太空探索未知，還帶回了在那裏育種的植物……那裏是我們最嚮往的地方。

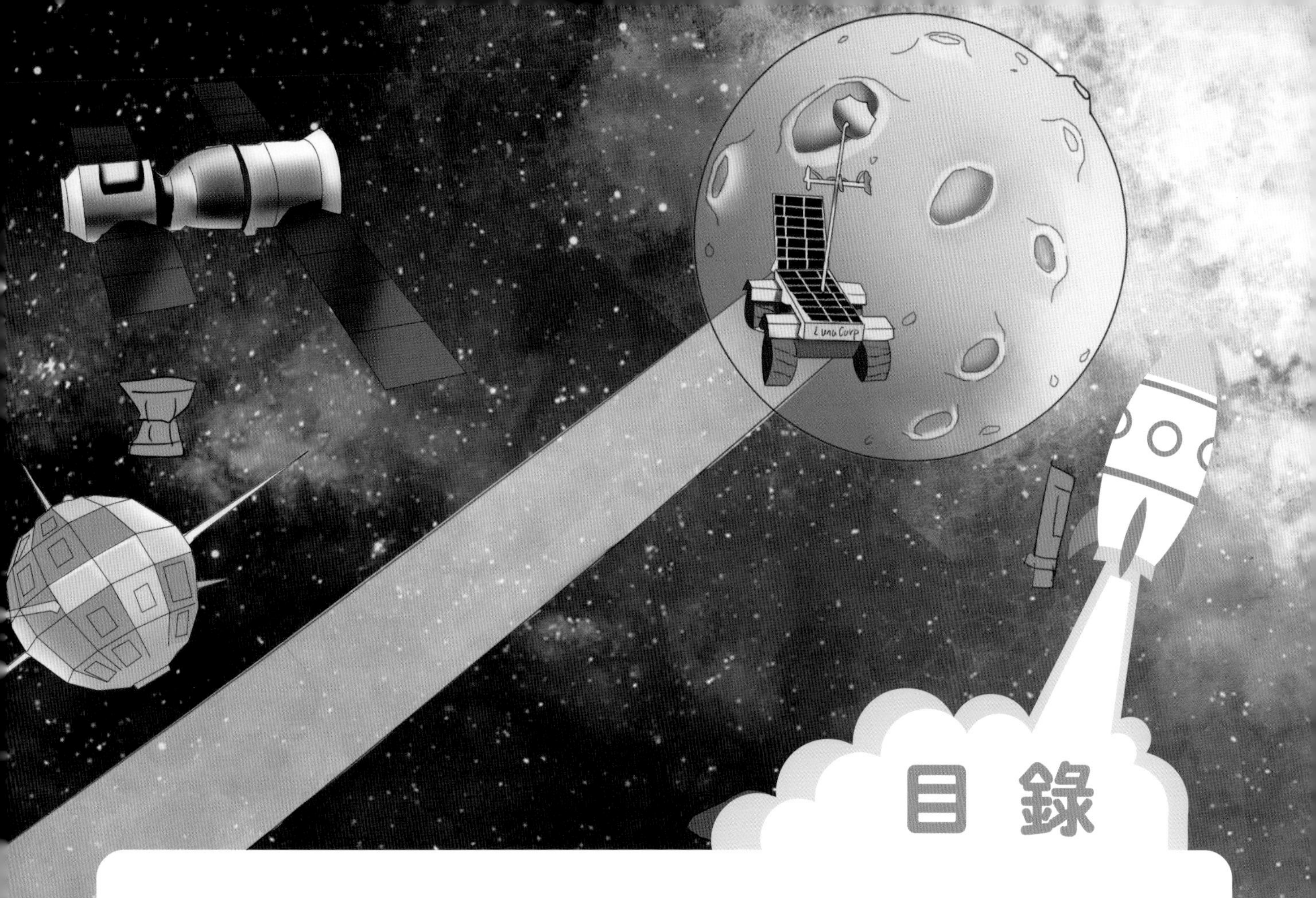

目錄

星球一

那些關於日月星辰的故事

採訪嫦娥一家

你說，地球是甚麼形狀呢？

如果你答對了，恭喜你，你就有機會向生活在大概 5000 年前的嫦娥一家人提這個問題了：來採訪一下古代的人們是怎麼看待地球和天空的。

后羿是嫦娥的丈夫，他常常忙着練習射箭。所以，當你剛走進他們的家門，向他提問的時候，他可能正拿着弓箭，一邊急急忙忙往外走，一邊轉過頭回答你的問題：「地球當然是方的啦，村裏的老人就這麼告訴我們的，有四根超級大的柱子支撐起天空。那個柱子啊，就是女媧砍下的大海龜的四條腿。」

后羿的確很忙，今天他接到了非常重大的任務，那是因為天上竟然出現了 10 個太陽。本來這 10 個太陽和它們的媽媽住在東海邊上。可是，有一天，這 10 個太陽很調皮，它們想看看，一起出來會是甚麼樣子。結果，它們烤死了很多大地上的動物、植物。人們受不了 ，就推選出箭術高明的后羿，要他拿弓箭去射下多餘的太陽。

我們只好先不攔住重任在肩的后羿了。我們來向他的太太嫦娥提這個問題。嫦娥聽了我們的提問，正要回答。突然，衝進一個人來，他是后羿的徒弟。

「逢蒙，你師傅剛剛出去了，你有甚麼事？」嫦娥說。

逢蒙也不顧忌我們，突然拿刀子頂住嫦娥，惡狠狠地說：「師傅的不死藥在哪裏？」

嫦娥看了看我們和兩個小孩，好像都幫不上忙。她只好說：「那跟我去拿吧。」逢蒙的眼睛亮閃閃的，就像他手裏的尖刀，他看到嫦娥從抽屜裏拿出了不死藥，說：「給我！」嫦娥緩緩地伸出手。突然，她迅速地用手捂住了嘴巴，一口吞下了手裏的藥。

吞了藥的嫦娥變得越來越輕，最後竟飛起來了。

嫦娥捨不得后羿，所以沒有飛得太遠，就挑了離地球最近的月亮待着。我想，那時候嫦娥應該已經知道地球的形狀了。

與古代人的對話：地球是甚麼形狀？

周代人：我主張蓋天說。藍天就像是一個半球狀的圓蓋，大地則像一塊四方的棋盤，並且藍天與大海相連。

（早在兩千多年前的周代，就存在這一種「天圓如張蓋，地方如棋局」的蓋天說。蓋天說是古代中國人對於宇宙的最初認識。）

張衡：我主張渾天說。我們生活的宇宙像個雞蛋，地球就像蛋黃，浮在裏面。

（渾天說這種理論出現在東漢張衡寫的書中。渾天說最初認為：地球不是孤零零地懸在空中的，而是浮在水上。後來渾天說又有發展，認為地球浮在氣中，因此有可能迴旋浮動。）

畢竟古代人的天文常識不豐富，關於地球的形狀，你能告訴他們最權威的答案嗎？

種田的星星，打獵的星星

生活在城市裏，想看到佈滿星星的夜空已有點難。但在晴朗的夏夜，在燈光不那麼明亮的郊外，還是能看見不少明亮的星星，許多星星都有美麗的傳說。

很久很久以前，有個勤勞耕地的小夥子，他有一頭神奇的老黃牛。這頭老黃牛不止能開口講話，還幫他找了個仙女做妻子。這位仙女是天上的織女，她教會村子裏的人們織綢緞。但是，他們的幸福生活很快被打斷了，王母娘娘把織女抓回了天上。從此，牛郎與織女就隔着星空中的銀河遙望，不能相會。後來，牛郎在喜鵲的幫助下，每年的農曆七月七，得以和織女見上一面。這就是牛郎織女的故事。

其實牛郎星和織女星是兩顆比太陽還大的恆星，能夠放光發熱，織女星的表面溫度有 11 000 攝氏度，牛郎星的表面溫度也有 8000 攝氏度。在夏天的夜晚，它們特別顯眼，又正好被銀河隔在兩邊，所以，古代農業社會的老百姓就根據他們生活中常見的牛、耕地、織布這些場景，想像出牛郎織女相會的動人故事。

▲牛郎織女的故事深入民間，在傳統剪紙藝術和皮影戲中都能見到

不過，鄂倫春人說：「不，我們給天上的星星取了一些不一樣的名字，比如黃馬星、槍套星、野豬星、弓星、箭星、犬星……」你猜，鄂倫春人的傳統職業是________（A·農民 B·獵人 C·寵物店老板）。

是的，我國人民由於生活方式不一樣，也給天空中的星星取了不同的名字，講着不同的故事。

▲鄂倫春人

參照星星設計的城

雖然各地人民生活方式不同，但是，觀察星空給我們帶來很多相似的便利。比如，通過星像來判斷季節、時間、方向，可以做天氣預報。比如，冬夜的星星眨眼睛，明天天氣會怎麼樣？結論是：會颳風。

▲温州古城設計者郭璞

甚至，我們地面的建築都按照天上的星星來設計。比如，古代的人們認為，北斗星是「為政以德」的象徵，所以許多城市都模仿了北斗星的形像。比如，温州的古城規劃，就利用周圍的山打造了一個「北斗城」。

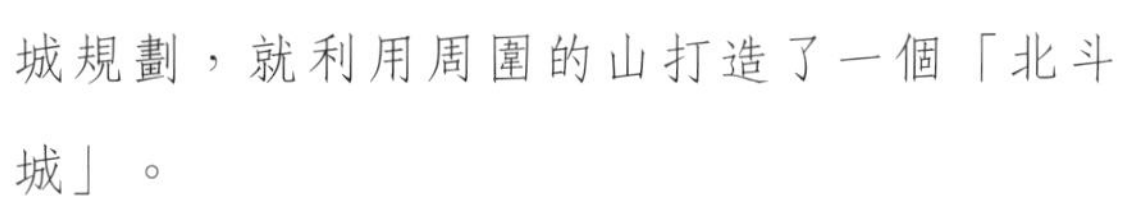

日月星辰寫日記

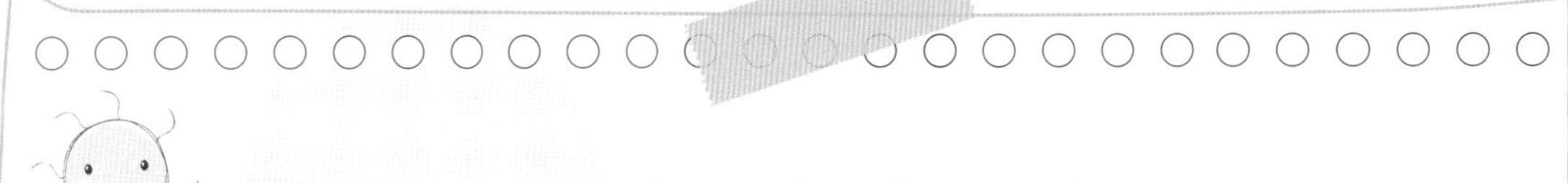

公元前 2137 年 10 月 22 日　晴

那天，發生了日食，我亮堂堂的臉蛋突然變黑了。地面的中國老百姓以為我被天狗吃了呢，覺得很恐怖！盲人樂官擊鼓，老百姓到處奔走尋找「拯救」我的方法。而負責天文的官員，那天竟然喝醉酒了，一點都沒有發現我和平時不同。當然，沒有多久我的臉就亮回來了，而那個喝醉的官員就因為玩忽職守丟了腦袋。

（那次日食叫「書經日食」，也是世界上最早關於日食的記錄。）

這是太陽寫的日記，在中國老百姓的口中，日月星辰原來有這麼多故事。

太陽微微一笑，還不止呢，我們最精彩的故事是由人類記錄下來的！

中國古代負責天文的官員非常留心日月星辰每天的變化，為我們寫下了世界上最完整的日月食、彗星、流星的日記。

「原來，你們的日記有些不是自己寫的！」

一幫穿着各個朝代服裝的天文學官員補充說：「嗯嗯，當然是我們寫的！為了看清它們的變化，我們花了不少心思呢！」

突然，星星們發現了甚麼，拿着剛才太陽的日記本嘀嘀咕咕了一陣。然後，大家滿臉不樂意地對着天文官員發話了：「我覺得你們這些天文學家不公平，太陽和月亮的日記本上寫幾月幾日，我們星星的日記本上竟然也都是幾月幾日，為甚麼不用幾星幾星計時間？」

一個天文學家只好回答：「中國是個重視農業的國家，莊稼要生長，我們當然特別看重太陽，許多計時方式都是和太陽有關的，地球繞太陽一周，我們叫一 ______（A・年 B・日）。」

另一個天文學家小聲地說：「不是還有星期這個說法嗎，星星們別生氣嘛！」星星們還是不樂意：「星期是根據月亮運轉來計算時間的，和我們星星沒有關係！」

太陽和月亮只好出來做和事佬：「你們看嘛，為了給你們寫日記，天文學家發明了那麼美麗的儀器——渾儀。它就像一件藝術品嘛！快來，只要看看渾儀的望筒，你就知道一顆星星的家在哪裏了！」星星們「呼」地圍過來，「我要找找隔壁那顆美麗的星星，看看它離我有多遠！」「也給我看看！」

渾儀找到星星的家

簡單地說，渾儀有三個基本圓環和一根金屬軸。中間圓環是固定的，上面有個望筒，用望筒對準某顆星星，就能根據另外兩個圓環上的刻度來確定這個星星在天空的位置了。

▲渾天儀

火箭飛行第一人

我們一開始要採訪的后羿終於回家了，他發現妻子飛走了，非常傷心，后羿也很想飛到月亮上去。

只是飛起來，還不算是個太大的難題，中國的能工巧匠發明了各種會飛行的東西，如風箏、孔明燈、竹蜻蜓……可是后羿想飛得更高，至少要能靠近月亮嘛！這個，難倒了各地的工匠師傅。

直到 15 世紀，一個叫萬戶的人出現了，他也在琢磨：如果嫦娥是因為不老藥讓她變得越來越輕才飛起來的，我這個身材，再怎麼減肥也不可能比一隻鳥輕，再說小鳥估計也飛不上月亮。唯一讓我變得更輕的方式，就是火藥。它裝在煙花裏，點上火，「嘶」的一聲，煙花就上天了。如果我買很多火藥，用火藥巨大的推力，也能推我上天了。200 多年後的一天，牛頓在地球的另一端，啃着蘋果建議：「蘋果為甚麼總是往下掉，而不是往上掉？萬戶先生，一定要突破萬有引力啊！」當然，萬戶沒有聽到這個建議。

那天，萬戶挑了一個月圓的晚上。帶上他花了很多心思準備的裝備——47 支最大的火箭，綁在椅子上，手裏舉着大風箏，面對着明月。萬戶吩咐：「點火！」

瞬間，火箭冒火，衝向半空。地面觀看的人們發出歡呼：「飛上去了！」突然「嘭！嘭！」響起了爆炸聲，萬戶為了飛行的夢想被炸得粉身碎骨。

請小朋友們切勿模仿。

萬户，這個最早使用火箭並想衝向太空的中國人，在世界航天歷史的前幾頁留下他的故事。經過國際天文學聯合會討論，這名「火箭客」應該是「the first ever astronaut」(歷史上最早的宇航員）。大家還決定用他的名字（Wan Hoo）來命名月球的一座環形山！

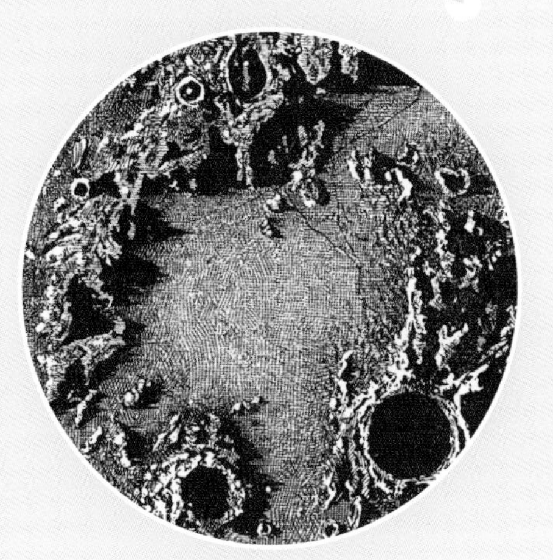

▲月球表面環形山

作為火藥的故鄉，古代的中國人最早利用了火藥燃氣的反作用力，創造出了火箭。中國古代的火箭是用竹筒或硬紙筒製作火藥筒外殼，裏面填滿火藥，筒的上端封閉，下端開口，筒側小孔引出導火線。點火後，火藥在筒中燃燒產生氣體，高速向後噴射，產生向前的推力。這其實也就是現代火箭的雛形。

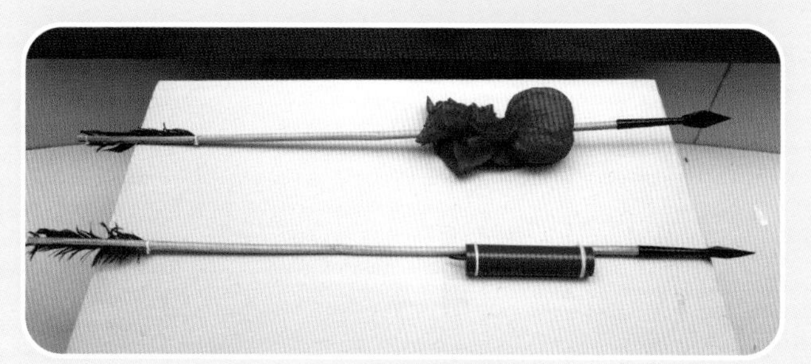

◀古代火箭

星球二

中國的「火箭隊」

從火車到飛機

現在我們這本書的另一位重要主角要出場了，他叫錢學森。

▲錢學森

錢學森出生在辛亥革命發生的 1911 年，清王朝統治被推翻，末代皇帝黯然離開了皇位。但留給我們的，是一個凋敝的中國。那些列強猛獸們正在虎視眈眈盯着這個東亞大國，他們靠着修建或者控制通往中國各地的鐵路，把手伸得越來越長，從中國拿走的東西越來越多。中國的老百姓也慢慢明白了這個道理：「如今的世界，他國的鐵路所觸及的地方，一定是他國的。」最後，民間掀起了抗議外國在中國修建鐵路的浪潮。

必須修自己的鐵路、造自己的火車救國，這是錢學森從小就有的理想。

錢學森 23 歲從上海交通大學鐵道機械工程專業畢業。大家猜測畢業後的錢學森會選擇去哪裏工作？他去了杭州、南京、南昌的機場、航空工廠。難道飛機場也需要鐵道專業的畢業

▲19 世紀末帝國主義列強瓜分中國後的《時局圖》

《時局圖》把甲午中日戰爭之後的中國形像地展示在人們面前，圖上的動物們，熊代表了沙皇俄國、狗代表了英國、青蛙代表法國、老鷹代表美國、太陽代表日本、腸子代表德國。

生嗎？原來錢學森考取了清華「航空機架」留美公費生。實習之後，他就要去美國麻省理工學院的航空系學習。

這時的錢學森可能已經改變了鐵路救國的理想，你想知道為甚麼嗎？因為他聽到、看到了太多事。

錢學森聽說了日軍侵略軍策劃的「九・一八」事變，那時的他正在上海交通大學裡頭讀書，日本靠着先進的飛機、大炮，轟炸了我國東北。

錢學森親身經歷了淞滬會戰。那是上海雨雪交加的日子，日軍飛機對閘北、真如一帶的車站、工廠、商店、民房狂轟濫炸。一開始，中國軍隊只能靠機槍對空掃射反擊。上海交通大學的宿舍都改成傷兵醫院，從傷兵的口中，錢學森陸陸續續聽到中國空軍和日軍空中的對抗的情況，以及中國空軍戰士的英勇抗敵的事跡。

沈崇誨是中國空軍飛行員、著名抗日英雄，淞滬會戰期間駕機英勇撞擊日寇艦隊旗艦，不幸犧牲，時年僅26歲。為表彰其英勇愛國精神，國民政府特追贈其為空軍上尉。

▲沈崇誨

「我們空軍來得太晚！」「我們空軍力量太弱！」「有架中國飛機被日軍擊中，飛行員不跳傘，硬是開着飛機去撞了日軍的出雲艦！」當聽到這些評論的時候，錢學森感到震撼和心痛。國難當頭，錢學森決定改行了，他要學航空工程！

火箭俱樂部

一定要造出飛得更高、更快的飛機，帶着這個夢想，錢學森開始一個人在海外求學的日子，有的時候，是有些孤單，幸運的是，錢學森有很多志同道合的朋友。

Frank 是錢學森的師兄。他在業餘時間，不是忙着打工掙錢，就是去工廠的廢料場轉悠。一天下午，他攔住了錢學森：「Qian，有興趣加入我們的火箭俱樂部嗎？」錢學森知道他是火箭迷，與朋友借用學校的航空實驗室，想造一架飛到太空的火箭。

「最近，我們材料準備得差不多了，需要一個對理論和計算很在行的人！」Frank 誠摯邀請。

「這麼有趣！我研究的噴氣飛機和你們想造的火箭有很多聯繫，我當然很樂意參加。」錢學森非常高興。

火箭俱樂部的小組成員動手能力都很強，拿一些工廠撿來的廢料就可以敲打出火箭模型。當然，他們研究火箭推進劑的時候也遇到一些小困難，常常發生意外爆炸。旁觀者送了火箭俱樂部一個外號——「自殺俱樂部」。

在錢學森 30 歲生日前的幾個月，火箭俱樂部成功研究出火箭。它可以作為飛行的推動力，安裝在飛機上，可以縮短飛機的跑道，飛機起飛的速度也大大提高。訂單像雪花一樣飄來，美國空軍、作戰部、兵工局，都要一批飛機起飛用的噴氣助推火箭。跟着亦師亦友的博士生導師馮· 卡門，錢學森常常出入於美國國防部的五角大樓，幫助他們規劃空軍和導彈，用於第二次世界大戰戰場。在美國，有人給錢學森送了個外號「Rocket King」（火箭大王）。

▲錢學森一家登上了回國的輪船

終於，第二次世界大戰結束，蹂躪中國的日軍也宣佈投降了。是時候把學到的知識、技術帶回中國了！錢學森決定回國。

艱難的回國之旅

聽到錢學森想回中國這個消息，美國聯邦調查局懷疑他帶機密資料回中國，派人來盤查他。錢學森對他們胡亂懷疑表示不滿！

聽到這個消息，美國海軍副部長說：「一個錢學森抵得上五個海軍陸戰師，我寧可把這傢伙槍斃了，也不能放他回中國去。」

《洛杉磯時報》報道：「在錢學森回中國的行李中查獲祕密資料。」

面對這些猜疑，錢學森堅定地說：「假的！」

但他還是被非法逮捕了，關在海島上的監獄。那裏禁止任何人和錢學森交談，夜裏，守衛每隔十五分鐘就來亮一次燈，讓他沒有辦法好好休息。

半個月過去，錢學森在老師和朋友的營救下，才終於離開了監獄。

但是錢學森依然受到監視控制！一年又一年過去了，中國政府向美國抗議，美國大使仍然辯稱：「我們是允許中國的學者自由返回中國的。」最後，我們的大使拿出了錢學森寫回國內請求幫助他回國的信件，錢學森才得以回國。

錢學森（1911—2009），世界著名科學家，空氣動力學家，中國載人航天奠基人，中國科學院及中國工程院院士，中國「兩彈一星功勳獎章」獲得者，被譽為「中國航天之父」「中國導彈之父」「中國自動化控制之父」「火箭之王」，由於錢學森回國效力，中國導彈、原子彈的發射時間向前推進了至少20年。

我來幫錢學森寫求助信

據說錢學森能夠回國，與他寫給中國政府的求助信有莫大的關係。讓我們來幫助錢學森一家，寫好求助信並寄出去。

第一步：寫求助信

第二步：寫信封

TO：

AIR MAIL

提示：寄給誰好呢？

- A 錢學森在中國的親人
- B 中華人民共和國的領導人
- C 錢學森太太在比利時的親戚

錢學森寄求助信的真相

錢學森把求助信寫在一張香煙紙上，夾在他太太寫給比利時親戚的家書中。而且他太太為求隱蔽，是用左手來寫信。錢夫人在比利時的親戚收到信後，再把香煙紙寄回中國。

想長胖的火箭

錢學森回到中國，越來越多的人加入了他組建的中國「火箭隊」（運載火箭研究院），中國現代火箭的成員越來越多。這裏，我們就來講講長征火箭。

從 1956 年開始研製火箭起，我國已經擁有了「長征一號」「長征二號」「長征三號」「長征四號」等不同系列的火箭。這些一飛衝天的傢伙們，有着不同的特點：有的善於短跑，有的喜歡長跑，有的力氣小些，有些力氣大些。所以，它們分別承擔把衛星、飛船開到離地球地面不遠的太空（我們把那裏叫作近地軌道），或者更遠的太空的任務。

不過，它們都有一個共同的希望，那就是：「我們想長胖！」環繞地面的雲兒表示不理解：「長胖了就穿不上漂亮衣服啦！」

「長胖了，我們才能有能量飛得更遠！運得更多！」

這個時候，遍佈中國的壯麗山川河流說話了：「喏，看看我們！是火車把火箭運到我國西部的酒泉、西昌、太原的衛星發射基地嘛！火箭如果太胖了，火車怎麼把它們運過隧道、橋樑呢？所以，火箭的直徑不能超過 3.35 米。」

一直用海浪拍打着陸地的大海發聲道：來我這裏，用輪船運嘛，再胖都好辦！所以，我們衛星發射基地裏，又添了海南文昌。

長征火箭體檢啦

型號	身高	直徑	體重	負重能力
「長征一號」：送東方紅衛星上天。	29.56 米	2.25 米	81.5 噸	0.3 噸
「長征二號」F：我國載人飛船發射的唯一運載火箭。	31.17 米	3.35 米	190 噸	8.6 噸
「長征三號」	44.56 米	3.35 米 （一、二級直徑）	204.88 噸	1.6 噸
「長征四號」甲	41.9 米	3.35 米	248.9 噸	1.5 噸
「長征五號」甲：可以發射超重型的衛星、空間站啦！	49.9 米	5 米	622.5 噸	18 噸

愛唱歌的小星星

我是月亮，每天，當你們安然入睡的時候，我就遠遠地望着地球。

當然，有些小朋友們也在遙看我和其他星星。

可是，你們知道嗎，那些星星離我其實很遠很遠，只有地球離我最近。遙望你們的時候，我是多麼希望，你們向我熱情的高喊一聲：「月亮，你怎麼還不睡覺啊？」好打破那包圍着我的沉靜！

雖然地球是月亮最近的鄰居，但是我們之間，大概隔了 39 萬公里。多少年來，這是人類永遠無法跨越的鴻溝。我有點擔心，難道我們就要做「雞犬相聞，老死不相往來」的鄰居嗎？

越來越多的地球人說「不」。一天，地球給我拋來一枚小小的圓球，它離我不遠，現在我還可以回憶起它不斷發出的「滴滴答答」的信號聲。後來很快，我的身邊出現了許多小球。它們陪着我，一起繞着地球轉啊轉。

我試着和它們交流，有講俄語的告訴我，它是蘇聯發出的人類歷史上第一顆人造衛星；講英語的告訴我，雖然它很瘦小，但是它是第二顆發射到太空的人造衛星；還有講法語的、日語的，它們來得晚，和它們交流我還有點困難。

▲「東方紅一號」衛星

突然，一個安靜的晚上，我聽到了悠揚的音樂，「啦～啦～～啦～～～」我一邊跟着哼，一邊尋找音樂的源頭。又多了一位新的鄰居：一個亮晶晶的人造衛星，它衝我笑：「我們的大力士『長征一號』火箭剛剛把我送到這裏，我叫『東方紅一號』。我得先去忙了，再過一小會，大家就要收聽我的演唱會啦！唱的是《東方紅》哦！」

「太空演唱會？！」太有意思啦，我趕緊去喊大家，要和地球上的鄰居們一起，享受音樂。

東方紅

陝北民歌　　李有源 詞

東方紅，太陽升，中國出了個毛澤東，他為人民謀幸福（呼兒嗨呀），他是人民的大救星。

毛主席，愛人民，他是我們的帶路人，為了建設新中國（呼兒嗨呀），領導我們向前進。

共產黨，像太陽，照到哪裏哪裏亮，哪裏有了共產黨（呼兒嗨呀），哪裏人民得解放。

哪裏有了共產黨（呼兒嗨呀），哪裏人民得解放。

▶收聽衛星傳來的歌曲《東方紅》

水稻，水稻，不要嚇我！

月亮的鄰居越來越多，它們有的圓、有的方、有的長。只是有的時候，它的鄰居人造衛星想念地球了，就會回家去看看。這一天，月亮收到一位名叫「八號」的鄰居的來信。

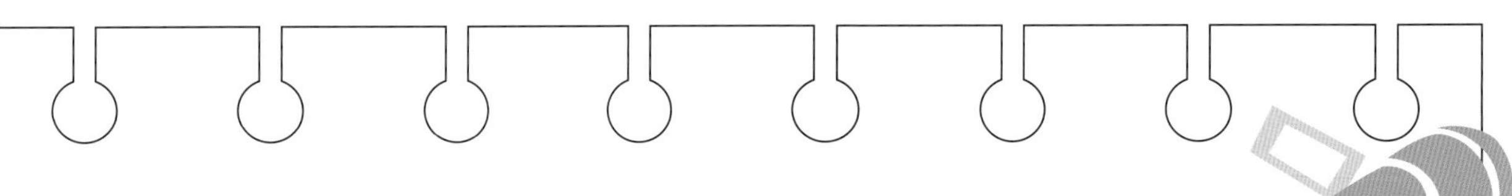

親愛的月亮：

好久不見，真是想念你大大的笑臉！

我回到中國啦。那天返回地球真是驚險呢！我看着熟悉的長城越來越清楚，心情是多麼的好啊！結果一不留神，扭的幅度大了點，差一點就要掉到大海裏去了。我是會游泳的，可是，你知道，我搬到太空居住是有一件重大的任務的，你不是注意到了嗎，我帶了好多植物的種子在太空遨遊呢！

科學家們説，帶種子去太空，那裏和地球太不一樣了：沒有重力，磁場也不一樣，再加上真空，真是超級乾淨！所以，種子的基因就會發生變化，帶回地球，經過挑選，有的種子就能種出特別適合人類需要的植物來。

但是，要是掉到海水裏，它們就不能用了。

還好我努力扭回來，落到陸地上。結果，來接我的家人一邊拉着我笑，一邊寬慰我：放心放心，你帶的種子是穿了防水服的。

你説説，他們竟然忘記告訴我這個！害得我的腰扭得不知道有多疼！所以現在也不能多寫字了，附上一張照片，我帶的種子長出來啦。

天天開心！

八號

PS. 你看太空育種的種子長出這麼大的黃瓜，你説我帶回來的水稻會不會長到天上去，我踩着它就能跑到你的家了呢？

月亮讀完這封信就上牀睡覺了，它想：地球上的植物，我見都沒有見過喲！它們要是長到我的身邊來，會不會撓我癢癢呢？水稻，水稻，你不要嚇我啊！

人造衛星有許多特長，有的喜歡攝像，有的善於觀察氣象……靠着這些月亮的鄰居們，人類和太空的聯繫越來越緊密。

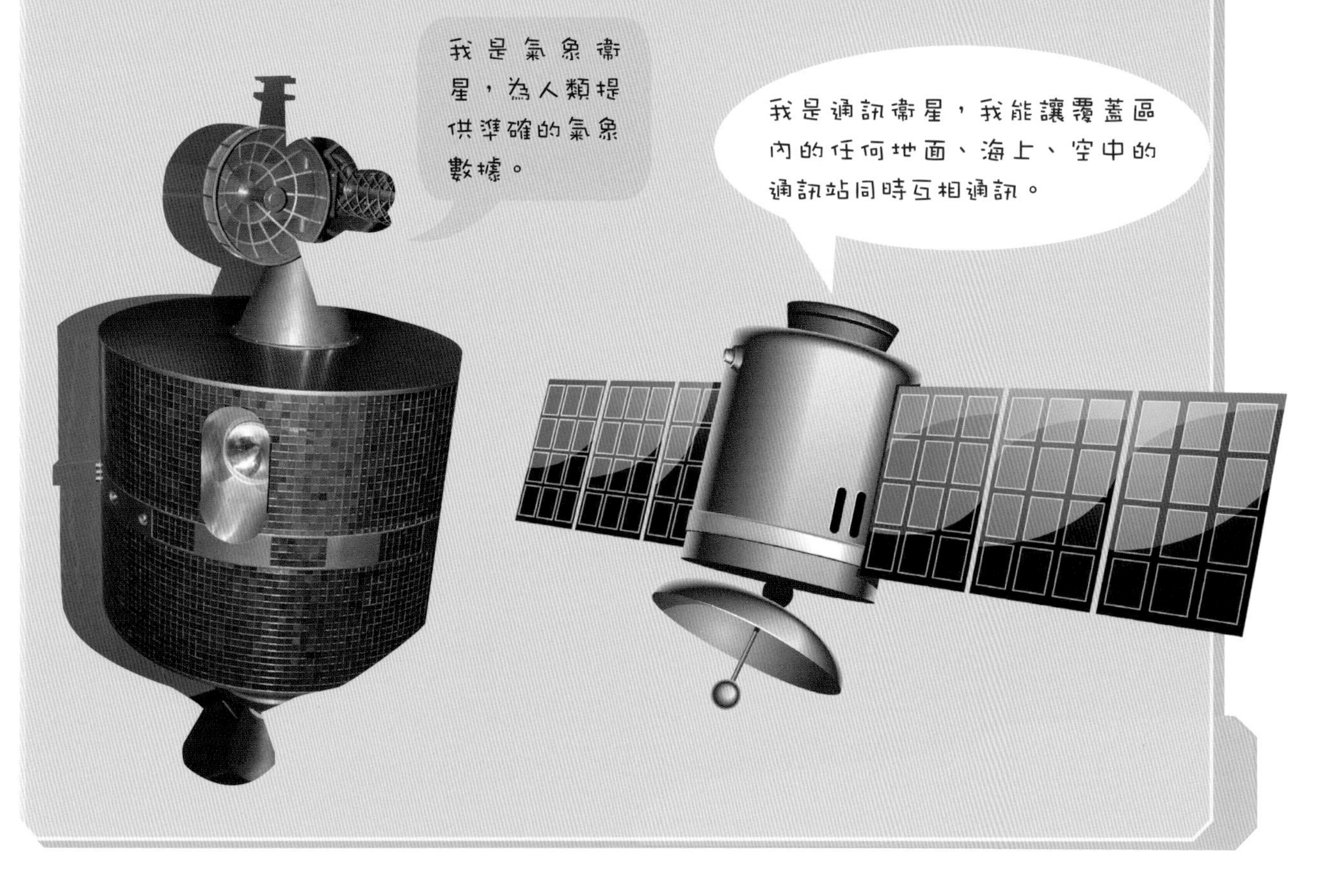

沒等來水稻，等來了外星人

這幾天，月亮一直在等啊等啊，等着那個叫水稻的地球植物長到它身邊。

據說，它長着綠色的葉子，長長的，軟軟的，長大以後會掛下沉甸甸的穗，那是硬硬的、一粒粒的、黃色的小東西。

可是，讓月亮吃驚的是，訪客來了很多，怎麼找，它們身上都沒有和綠色葉子、黃色穗子沾邊的地方。有的來了一家子，都長着凸凸的嘴巴，左看右看，都長得

生物實驗衛星的探索

1957 年 11 月 3 日，蘇聯發射了第一顆載狗的人造地球衛星，首先把小狗送上太空。這次試驗，為人類登天開闢了通路。這顆衛星就是世界上第一顆生物衛星。

第二次世界大戰結束後，美國和蘇聯就開始了太空生物學試驗。1946 年，美國空軍的科學家用「V-2 火箭」將一隻猴子發射到 60 公里的高度，通過遙測設備記錄了猴子在飛行中的心電、呼吸和血壓等的變化，分析了失重對動物的影響。這隻猴子取名叫埃伯特。牠是第一隻飛得最高的靈長類動物。由於當時人們尚未掌握回收技術，這隻猴子為人類首次探索奉獻了生命。

美國在進行太空載人飛行之前，如 1961 年，也先後兩次把兩隻黑猩猩送入太空旅行，為美國第一次載人航天探路。

從 1949 年起，蘇聯先後進行過 40 次生物火箭試驗，其中包括狗、老鼠和猴子等動物。1957 年後，蘇聯又發射了九顆帶有生物的衛星。

像極了！有的長了個鼓鼓的背；有的長着很長的鬍子；有一個表皮黏糊糊的，卻長得很可愛的傢伙，它還會變戲法，它的身體斷了，用不了多久，又會自己長回來。

啊呀呀，這不就是傳說中的外星人嘛！長得奇形怪狀，還有特異功能呢。想到這，月亮越來越激動，忍不住回信告訴給八號：我沒等來你的水稻，等來外星人啦！

八號拿着月亮的來信，讀得更激動，外星人難道真的長得這麼的奇怪？月亮真是有眼福啊！

八號的家人瞟了眼月亮的來信，哈哈大笑，說：「這個，嘴巴凸凸的是 ________，背鼓鼓的是 ________，鬍子長長的是 ________，變戲法的是 ________ 。」「在你帶着種子遨遊太空的時候，我們把許多動物送上了太空。」

有兩隻可愛的小狗，一隻叫「小豹」，一隻叫「珊珊」，20 世紀 60 年代就坐着火箭去太空玩耍了。只是，出發之前，牠們接受的訓練很辛苦哦，有時會被綁在木板上翻轉，有時要聽刺耳的大喇叭聲音，看看牠們能否適應太空飛行。

月亮的煩惱

自從人類發射了第一顆人造衛星，月亮開始擁有了越來越多的鄰居。有人說，人類已經進行了 4000 多次發射。可是，說起地球這個鄰居，月亮可有不少煩惱。

人類對月球還在探索階段，還沒有很多接觸。那月亮有甚麼好煩惱的呢？

月亮是不是對鄰居太挑剔？

面對大家的疑問，月亮邀請我們去它家看看。「不過我們沒有飛船，只有汽車！」「坐汽車去？月亮家多遠啊！」 月亮很想我們去，說：「其實，如果克服了重力，地球離月亮的距離，坐汽車

去並不算太遙不可及。用在高速公路上的速度開車，一百來天，也就到啦！」

可是，一旦出發，月亮的煩惱我們很快也就會遇到！一路上我們要突破許多的障礙物，其中很多是無用人造物體，大的物體包括一些人造衛星的碎片、火箭殘骸、報廢了的人造衛星；小的物體，像手套、鉛筆。這些物體，我們叫太空垃圾，它們大部分離地球很近、離月亮稍微遠些。

打算開車送我們去的司機說：「沒事，我是老司機啦，慢慢開就好。」就在這個時候，「哐當」一聲響，我們的汽車後面被甚麼東西撞上了。我們下車仔仔細細檢查了一圈，是人造衛星碎片。

月亮老遠驚叫：「還好還好，沒出意外！！」月亮聳聳肩，對我們說：「在太空裏，很多垃圾跑得飛快，快得像粒子彈。據說 10 克重的太空垃圾（大概半個啫喱那麼重）撞上衛星，衛星會在 1 秒半的時間裏被打穿或者擊毀。」

原來，太空裏一點大的垃圾都會造成這麼嚴重的後果，難怪月亮那麼煩惱。我們對月亮喊：「月亮，你不要擔心，我們現在去找個超級大漁網掛在車後面，一路上把太空垃圾兜走。太空垃圾就減少啦！」

月亮努努嘴巴，說：「過來的時候開車看路哦，不時會有太空垃圾互相撞擊，從而產生更多的太空垃圾！」

「啊！？」我們驚呆了。

月球上的垃圾

月球上目前人為丟棄的垃圾總量就達 200 噸。說得好聽點，月球表面佈滿了無數的人類足跡。說得不好聽，我們在月亮上丟了很多垃圾。

這些垃圾大多是太空船的殘骸，其比例達 70% 以上，它們的殘骸散落在月球表面各處。而剩下的碎片包括碎石和已經完成了使命的設備，其中包括地質勘探器材、排泄物、紀念重大成就的標誌物和進行實驗的動植物殘骸。

和月亮說「你好」！

神舟飛船——帶着我們的家一起飛行

神舟飛船是我國研製的載人宇宙飛船系列，截至「神舟十一號」任務完成，我們國家已經發射了「神舟一號」到「神舟十一號」11 艘系列飛船。神舟飛船採用三艙（返回艙、軌道艙、推進艙）一段（附加段）構成。發射的基地是酒泉衞星發射中心，回收地點在內蒙古中部的草原上。

做個大膽的假設，如果有一天你也在飛船上，你想帶點甚麼呢？水？衣服？電腦？即食麪？

想來想去，我們需要的東西實在太多了，可能要把一個家帶過去才合適！

其實大家不用擔心，神舟飛船就是太空裏一個多功能並且體貼的家嘛！為了保護宇航員不受輻射和太空垃圾的襲擊，飛船創造出了一個適合人類生活的密閉艙——接近地面大氣的環境（是不是有點像魚兒離開了河流，我們用魚缸來保護魚兒）。

飛船上長着幾個「大耳朵」，那是**太陽能電池板**，是用來供電的，這樣我們還可以使用一些電子設備。

飛船的最頂上是**軌道艙**（一個長度約 2.8 米，直徑約 2.25 米的圓柱體），那是人們的起居室。在太空遨遊的大部分時間裏，人們都在軌道艙裏工作、吃飯、睡覺、盥洗。或許你會有疑問：「軌道艙，那麼小，夠不夠用啊？」其實因為在太空裏失去了重力，人們不可能（也不需要）在牀上擺個「大」字睡覺，一般宇航員都是把自己包在睡袋裏，貼在牆壁或者天花板上睡覺，非常節省空間。

飛船裏還有**返回艙**，是人們從地球出發和回來時候的駕駛室，裏面有很多顯示飛船狀況的儀器。返回艙裏還帶了兩個巨大的降落傘，在返回的路上，有它返回艙才可以安全下降。或許，你還可以從神舟飛船上找到許多體貼的裝備。

你來看看，下面是幾個神舟飛船的任務徽章，你能找到對應的那次飛行嗎？仔細辨認圖片，你就能找到答案！

▲「神舟七號」任務徽章

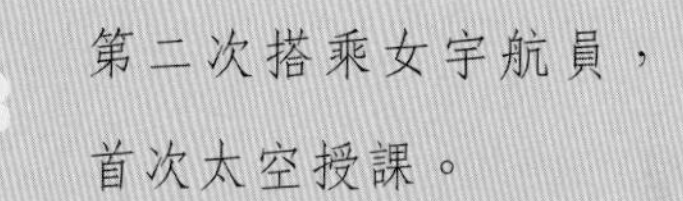

▲「神舟十號」任務徽章

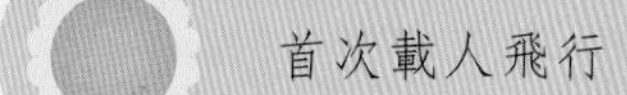

▲「神舟五號」任務徽章

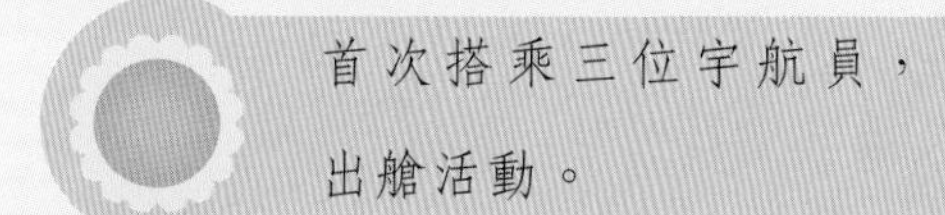

▲「神舟六號」任務徽章

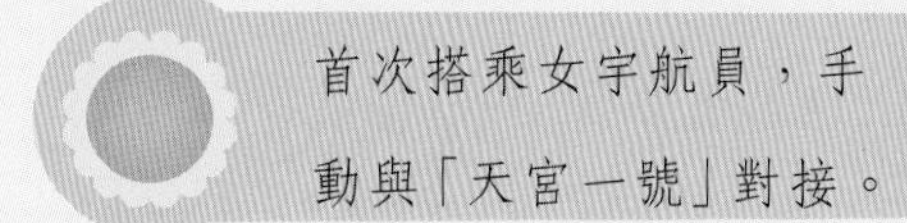

▲「神舟九號」任務徽章

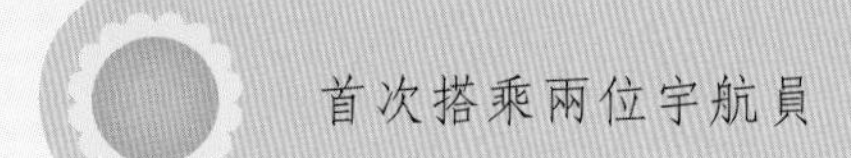

童話城堡外有十六個太陽

神舟飛船衝進太空之後，就會和「天宮一號」對接，這樣，神舟飛船裏的宇航員就可以到「天宮」裏生活啦。千萬不要誤會，這不是孫悟空大鬧天宮的那個地方，這是一個空間實驗室。比起神舟飛船，它要更大一些（「天宮一號」全長 10.4 米，最大直徑 3.35 米）。當然，我更喜歡叫它童話城堡。

為甚麼呢？因為在這裏，宇航員可以像深海美人魚一樣漂浮移動。不知道美人魚在浮動時怎麼洗臉刷牙，但在「天宮一號」中的宇航員考慮到節約用水，只會用濕紙巾擦擦臉。

▲「天宮一號」與「神舟九號」飛船對接

在「天宮一號」這個童話城堡裏生活的宇航員夥伴們有不同的愛好，他們有的喜歡這裏的點心和糖果，有的特別喜歡在空中打滾。有時宇航員會不小心把製作成太空食品的橙汁灑在空中，不要擔心，橙汁不會灑到地上的，它們會形成一大顆、一大顆的球體，宇航員一張口就可以吞掉這個橙汁球！有的宇航員還喜歡玩電腦看電影，和在地球上沒甚麼兩樣。

如果宇航員要走出生活的童話城堡，一定要穿好厚重的艙外太空服和繫上安全帶等，這是他們都必須記住的守則。

▲宇航員的漂移行動

也許你會好奇宇航員看到的太空景色，會不會有漫天的星星或童話裏的王子？宇航員們當然不會看到王子，他們會看到一個來去匆匆的太陽，它常常像閃電一樣出現在宇航員的眼前，不用多久，又像風一樣消失。地球上過一個晝夜的時間，太陽已經在「天宮一號」外跑來跑去了十六趟（「天宮一號」每 90 分鐘就繞地球一周，也就經歷了一次日出日落。）

前往童話城堡任務清單

你想去童話城堡看一看嗎？成為一名宇航員可不是容易的事，只有完成了一系列的任務才有機會。

任務一：良好的身體素質

任務二：失重訓練

任務三：野外求生訓練

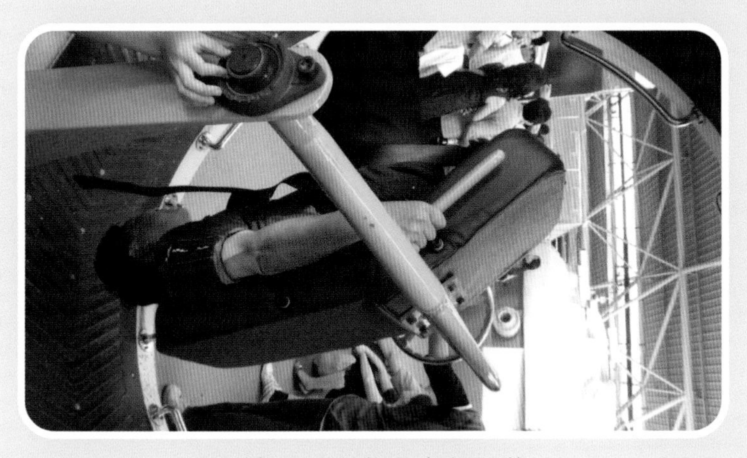

任務四：宇航員各類訓練

終點：到達我想像的太空城堡

嫦娥，你在哪裏？

我們的飛船，我們的太空城堡，或許未來能帶我們走得更遠，去拜訪太陽系裏的其他星球，紅色的、黃色的、藍色的……我們可以拍出色彩繽紛的照片，帶回讓人激動的發現。

但是，在安靜的夜晚，藍色的夜幕下，金色的月亮仍然最吸引我們的目光，也最吸引我們的心。

前面提到的后羿，一直翹首遙望着他在月亮上的妻子。我們世世代代流傳的詩歌在說着他們的故事：「小時不識月，呼作白玉盤。又疑瑤台鏡，飛在青雲端……白兔搗藥成，問言與誰餐？」離鄉的遊子也用月亮表達對家人的思念：「舉頭望明月，低頭思故鄉。」幾百年來，我們中國人都把關於月亮的節日看成闔家團圓的日子。

▼人類在探索月球上已經跨出了大大的一步

不止我們，世界上所有人都對月球有無限的嚮往。

早在 50 多年前，就有人登上了月球，那位著名的美國宇航員在踏上月球的時候，對地球上的人們說：「這是我的一小步，卻是人類的一大步。」從此開始認識月球。

▲「嫦娥三號」月球車，我們的登月探測器，成功着陸月球了

通過許多年的努力，中國人也離月亮越來越近，我們的登月車小心翼翼地在月球表面工作。我們像拼圖一樣，把對月亮的認識慢慢拼得全面起來。

2004 年 1 月，我國用「嫦娥」命名的繞月探測工程啟動了。在 2013 年 12 月，「嫦娥三號」帶着巡視探測器（它有一個可愛的名字——「玉兔號」月球車）成功落到月球上，中國成為世界上第三個掌握探月技術的國家。2020 年 12 月 17 日，「嫦娥五號」完成了月球區域軟着陸及月面採樣，成功返回地球，這是時隔 44 年後人類再次從月球帶回月球樣本。

「嫦娥五號」探測器

「嫦娥五號」探測器總重 8.2 噸，由軌道器，返回器、着陸器、上升器四部分組成。它由「長征五號」遙五火箭發射升空，完成了中國開展航太活動以來的四個「首次」：首次在用球表面自動採樣；首次從月面起飛；首次在 38 萬公里外的月球軌道上進行無人交會對接；首次攜帶月壤以接近第二宇宙速度返回地球。

小書桌，大宇宙

太空技術似乎距離我們十分遙遠。但其實很高端的太空技術也存在於我們的衣食住行之中。

耳麥：耳麥的發明與宇航員格力索姆不愉快的經歷有莫大的關係。1961 年，他執行水星計劃時，降落海中。但格力索姆無法求救，因為固定在艙內的通訊設備都泡在了水裏。

經過這場災難，從事空間技術的工程師們決定給每位宇航員配備獨立的救生無線通訊設備，於是研發了耳麥——耳機和麥克風的簡稱。今天這項技術已經進入了普通人的生活。

無線吸塵器：散落在沙發上的薯片碎屑可真煩人！怎麼能快速省力地把它們打掃乾淨呢？對了，手提無線吸塵器可以幫上大忙。「呼呼」幾下，沙發煥然一新。我們能用上這種吸塵器，完全得益於「阿波羅」登月計劃。在登月工程中，工程師們需要一些能量自給且節能的器械，因為在月球那些環形山下可沒電源插座。因此，1971 年「阿波羅 15 號」計劃實施時，曾在 1961 年首創無線鑽的一家美國公司，為登月推出了一款無線風鎬。這台機器耗電量小，通過可快速充電的袖珍電池供電。1979 年，這兩個產品的結合成就了這款無線充電吸塵器的輝煌。

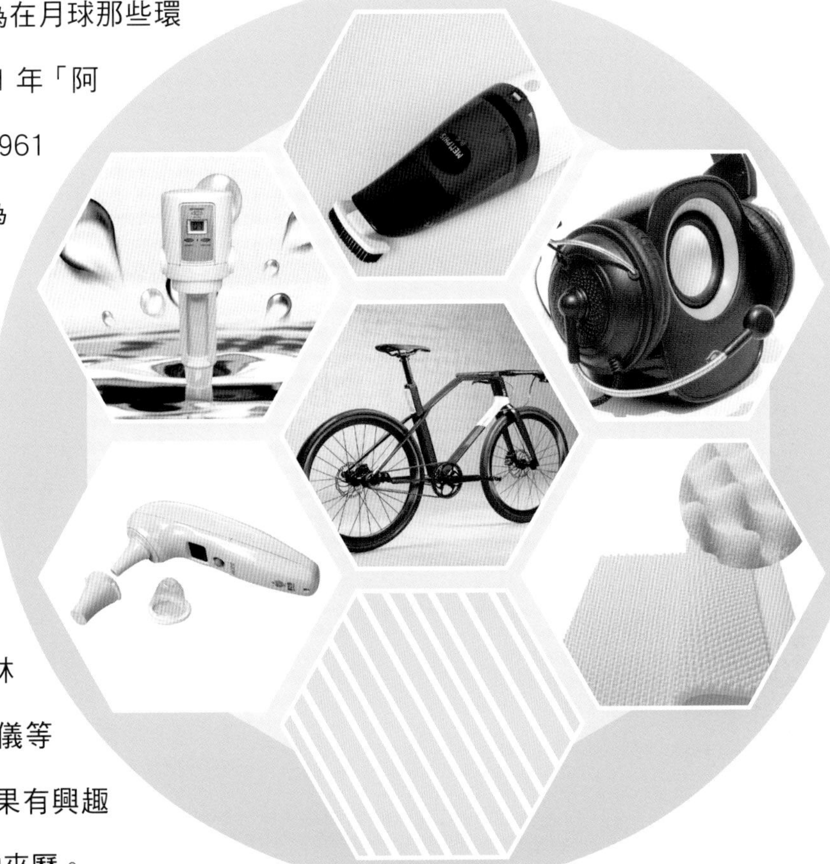

除了這兩樣生活常見的物品，淨水器、紅外線耳温計、記憶牀墊、纖維自行車、核磁共振成像儀等都與太空技術有莫大的關係。如果有興趣你可以查找資料，研究一下它們的來歷。

如果你細心一點，也許隨處都可以找到太空技術的實際運用。可能那些物品並不顯眼，卻蘊含大大的學問。

下面是一張普通的書桌，你仔細觀察，把你認為與太空有關的物品圈出來。

部分答案：

：果汁和即食麪都會出現在太空食品中。太空食品均為脫水食品，因為這樣可以減少體積。

：數碼相機最早是為了解決太空圖像的捕捉與對地傳輸難題而發明的。

：手機中的 GPS 訊號是由衞星發射的。

我的家在中國・道路之旅 4

人類神奇一大步 航天

檀傳寶◎主編　葉王蓓◎編著

責任編輯：楊　歌
裝幀設計：龐雅美
排　　版：龐雅美　鄧佩儀
印　　務：劉漢舉

出版 / 中華教育
香港北角英皇道 499 號北角工業大廈 1 樓 B
電話：（852）2137 2338
傳真：（852）2713 8202
電子郵件：info@chunghwabook.com.hk
網址：https://www.chunghwabook.com.hk/

發行 / 香港聯合書刊物流有限公司
香港新界荃灣德士古道 220-248 號
荃灣工業中心 16 樓
電話：（852）2150 2100
傳真：（852）2407 3062
電子郵件：info@suplogistics.com.hk

印刷 / 美雅印刷製本有限公司
香港觀塘榮業街 6 號
海濱工業大廈 4 樓 A 室

版次 / 2021 年 3 月第 1 版第 1 次印刷

規格 / 16 開（265 mm × 210 mm）